BIBLIOTHÈQUE PHOTOGRAPHIQUE

LA PHOTOGRAPHIE

APPLIQUÉE A LA

PRODUCTION DU TYPE

D'UNE FAMILLE, D'UNE TRIBU OU D'UNE RACE

Par ARTHUR BATUT

PARIS,

GAUTHIER-VILLARS, IMPRIMEUR-LIBRAIRE

DU BUREAU DES LONGITUDES, DE L'ÉCOLE POLYTECHNIQUE,

Quai des Grands-Augustins, 55.

1887

LA PHOTOGRAPHIE

APPLIQUÉE A LA

PRODUCTION DU TYPE

D'UNE FAMILLE, D'UNE TRIBU OU D'UNE RACE

HABITANTS DU PIED DE LA MONTAGNE-NOIRE

Portrait type

obtenu

avec tous les sujets

ISSUS DE LA RACE DU PAYS.

LA PHOTOGRAPHIE

APPLIQUÉE A LA

PRODUCTION DU TYPE

D'UNE FAMILLE, D'UNE TRIBU OU D'UNE RACE

Par ARTHUR BATUT

PARIS,

GAUTHIER-VILLARS, IMPRIMEUR-LIBRAIRE

DU BUREAU DES LONGITUDES, DE L'ÉCOLE POLYTECHNIQUE,

Quai des Grands-Augustins, 55.

1887

LA PHOTOGRAPHIE

APPLIQUÉE A

LA PRODUCTION DU TYPE

D'UNE FAMILLE, D'UNE TRIBU OU D'UNE RACE

INTRODUCTION.

Parmi les moyens d'investigation que la Science a mis au service de l'esprit humain, il n'en est peut-être pas de plus puissant que la Photographie.

Soit que l'on cherche une reproduction rigoureusement exacte de la nature ou d'une œuvre artistique, soit qu'on veuille en un clin d'œil lever le plan mathématique d'une vaste étendue de terrain ou prendre le relief d'une montagne avec ses contreforts et ses vallées, soit que l'on tienne à sonder la profondeur des cieux et à voir des choses que l'œil humain est impropre à saisir, même à l'aide des meilleurs instruments, soit enfin que l'on veuille étudier le mécanisme de certains mouvements, tels que ceux du cheval et de l'oiseau, tellement rapides, que l'œil et la pensée ne peuvent les saisir que dans leur ensemble, c'est à la Photographie qu'il faut avoir recours.

Parmi ces applications si merveilleuses de la Photographie, il en est une peu connue et, si c'est possible, plus merveilleuse encore. Sa découverte, due à un savant anglais, M. Galton, remonte cependant à quelques années et si elle n'a pas fait plus de bruit, c'est bien certainement parce que le résultat annoncé était trop beau pour être vraisemblable; mais n'oublions pas que

Le vrai peut quelquefois n'être pas vraisemblable.

Les spécimens qui figurent dans cette brochure sont la preuve que l'idée de M. Galton n'est pas une hypothèse mais peut facilement être réalisée.

Si nous publions ce petit travail, fruit de nos recherches et de nos expériences, c'est avec la conviction d'être utile à tous ceux qui s'occupent de Photographie, en leur montrant la marche à suivre et les moyens pratiques d'arriver à un bon résultat.

Voici, du reste, comment nous fûmes conduit à nous occuper de cette découverte, il y a déjà quelques années.

Un de nos amis mit sous nos yeux un article d'un journal suisse qui en rendait compte. Cet article disait en substance que, si l'on faisait défiler devant un appareil photographique une série de portraits d'individus appartenant à une même race, on obtiendrait sur la plaque sensible le portrait du type de cette race.

Tout le monde sait que pour obtenir une image photographique, un certain temps est nécessaire. Ce temps varie suivant l'intensité de la lumière et la rapidité du procédé; mais, la lumière et le procédé étant les mêmes, le temps nécessaire à l'obtention d'une épreuve le sera aussi.

Supposons que nous nous trouvions dans des conditions telles que 60^s de pose nous soient nécessaires pour obtenir la reproduction d'un portrait carte de visite.

Si nous ne laissons poser que 3^s, c'est-à-dire $\frac{1}{20}$ de la pose normale, nous n'aurons pas trace d'image. Si donc nous faisons successivement poser devant l'objectif vingt portraits de la même grandeur, pendant 3^s chacun, aucun des vingt portraits ne laissera de trace sur la plaque sensible. Mais il n'en sera pas de même pour les traits communs aux vingt portraits, ces traits communs ayant en se superposant posé, par le fait, pendant vingt fois 3^s, c'est-à-dire 60^s, temps normal de pose.

Nous aurons donc une épreuve où tous les accidents qui modifient le type de la race, où toutes les notes qui marquent l'individualité auront disparu et où seuls seront demeurés les caractères mystérieux qui forment le lien de la race ([1]). Ici ce n'est plus l'œuvre servile du copiste qu'accomplit la Photographie, c'est un merveilleux travail d'analyse et de synthèse.

Ce choix des grandes lignes, des traits fondamentaux qui caractérisent une race, nous le retrouvons à toutes

---

([1]) « Lorsqu'on se trouve en présence d'une réunion d hommes appartenant à une race différente de la nôtre, on parvient difficilement à les distinguer les uns des autres, parce qu'il se forme à notre insu, dans notre esprit, une sorte de portrait composé de cette race, qui nous voile les individualités. Même observation peut être faite au sujet des ressemblances de famille, plus frappantes pour les étrangers que pour les parents. » (Extrait du *Scientific American*, 5 septembre 1885.)

les époques où l'art a été en honneur. Dans les hypogées de l'antique Egypte, ce n'est pas tel ou tel lion que l'on voit peint sur les parois, mais le *lion* dans toute la majesté des lignes sobres et immuables de sa race ([1]). Pourquoi la Vénus de Milo d'un côté, la Vierge du portail nord du transept de Notre Dame de Paris de l'autre, expriment-elles à un si haut degré, avec leur physionomie impersonnelle, l'une la beauté féminine grecque, l'autre la beauté féminine française au XIIIe siècle? Uniquement parce que les grands artistes inconnus qui les taillèrent dans le marbre et la pierre, avaient exécuté dans leur esprit, en face des plus belles femmes de leur temps, le travail d'analyse et de synthèse que la Photographie se charge d'accomplir aujourd'hui pour nous ([2]).

Chose digne de remarque, le portrait type que l'on obtient par le procédé dont nous nous occupons est

---

([1]) Ch. Blanc, *Voyage dans la Haute-Égypte*, p. 316. « Les formes essentielles de l'animal étant résumées, ont été par cela même agrandies et, les détails s'effaçant, il n'est resté que l'espèce dans sa signification la plus énergique. »

([2]) Viollet-le-Duc, *Dictionnaire d'architecture*, t. VIII, p. 166. « Cependant, comme il arrive toujours au sein d'une école de statuaire déjà développée (au XIIIe siècle), on inclinait à admettre un *canon* du beau. Ce canon, qui était loin d'avoir la valeur de ceux admis par les artistes de la belle antiquité grecque, avait un mérite, il nous appartenait; il était établi sur l'observation des types français, il possédait son originalité native. »

toujours plus beau qu'aucun de ceux qui ont servi à le former tout en conservant avec eux un frappant air de famille (¹).

Quelques mots maintenant sur le procédé au point de vue technique.

(¹) CH. BLANC, *Grammaire des arts du dessin*, p. 339. « Le vrai moyen d'idéaliser, c'est d'effacer les accents purement individuels fournis par la nature, pour choisir ceux qui appartiennent à l'espèce, qui caractérisent la vie générique. »

Le procédé dont nous nous occupons comprend deux opérations distinctes :

1° Obtention des portraits devant concourir à la production du type.

2° Production de ce type.

Occupons-nous d'abord de la première partie : *Obtention des portraits*.

Et d'abord, hâtons-nous de rassurer ceux de nos lecteurs qui reculeraient devant l'essai du nouveau procédé par crainte du trop grand nombre de portraits à faire pour réussir. Cinq à six sont largement suffisants (nous en avons fait l'expérience) pour une réussite parfaite. C'est, du reste, le cas, chaque fois qu'on désire faire le type, non d'une race ou d'une tribu, mais simplement d'une famille.

Nous supposerons que vos modèles sont réunis dans votre atelier. Vous disposez un siège dans un endroit

convenablement éclairé, absolument comme si vous
deviez faire un portrait ordinaire et, avec un crayon,
vous tracez sur le plancher autour de ses pieds, des
traits destinés à vous permettre de retrouver sa position exacte, dans le cas où l'on viendrait à le déplacer.
Vous faites alors asseoir l'un de vos modèles en lui
recommandant de regarder droit devant lui. Vous placez
votre appareil de telle sorte que la figure soit absolument de face (ce que l'on obtient facilement en obser-
vant les deux oreilles qui doivent être vues également
sur la glace dépolie) et, après avoir élevé votre appareil à la hauteur de la poitrine de votre modèle, vous
mettez au point. La tête devra avoir de $0^m,015$ à $0^m,025$
de hauteur.

Cela fait, vous répétez avec un crayon autour du
pied de l'appareil ce que vous avez fait autour du siège
de pose et vous êtes prêt à opérer. La position de l'appareil et celle du siège ne changeant pas, il va sans dire
que la mise au point se fait une fois pour toutes, ce qui
permet d'exécuter un assez grand nombre de portraits
dans un temps très court. Les raccourcis qui se pro-
duisent par suite de la taille plus ou moins élevée des
modèles n'ont pas d'importance, bien qu'il soit préfé-
rable de mettre toutes les têtes exactement à la même
hauteur. Ce résultat peut être facilement obtenu si l'on

se sert, comme siège, d'un tabouret de piano à vis et, pour régler la hauteur, de deux liteaux cloués à angle droit en forme de toise.

Vos clichés obtenus, il ne reste qu'à les développer et à en tirer des épreuves par les procédés habituels. Il est bon que ces épreuves soient d'une intensité sensiblement égale les unes par rapport aux autres.

Observons que, puisque la mise au point est invariable pour toute la série, les têtes seront toutes d'égale grandeur ou, du moins, n'auront entre elles que des différences proportionnelles à celles qu'elles ont en réalité chez les modèles, différences dont on n'a pas à tenir compte dans la pratique. (*On peut observer sur notre Planche II des différences de grandeur dues à l'âge des modèles, qui n'ont pas eu d'influence fâcheuse sur la production du type.*)

Passons maintenant à la seconde partie : *Production du type.*

Puisque toutes les têtes doivent impressionner la même glace sensible, il est évident qu'elles devront pouvoir se placer successivement dans une position identique. Ce résultat, qui semble assez délicat, peut être atteint par le tour de main suivant. Vous prenez une de vos épreuves que vous devez avoir en double, car il faut la sacrifier, et vous en percez les yeux avec une aiguille fine, juste sur le point visuel. La plaçant alors sous un calibre en glace dépolie, de dimension convenable pour le format que vous avez adopté, — l'image en contact avec la glace dépolie, — vous piquez celle-ci de deux points noirs avec la fine pointe d'un crayon à travers les deux trous d'aiguille dont vous avez percé les yeux. Vous placez alors successivement chacune de vos épreuves sous le calibre et, en regardant par transparence, vous faites coïncider ses points visuels avec les deux points noirs que vous y avez tracés. Il ne reste qu'à la découper en suivant les bords du verre comme d'habitude.

Toutes vos épreuves étant découpées, vous prenez un égal nombre de cartons (cartes de visite, par exemple) exactement de mêmes dimensions et, à l'aide d'un compas dont vous appuyez la pointe sèche sur la tranche de la carte, vous marquez deux points au haut et deux points sur le côté droit à environ $0^m,005$ des bords. Ces quatre points vous permettront de tracer deux lignes qui se couperont à angle droit dans le coin droit du haut de la carte. Vous collez alors vos épreuves en les faisant glisser sur le carton jusqu'à ce que leurs bords du haut et de droite affleurent exactement les deux lignes que vous avez tracées. (*La colle à froid que l'on trouve chez les papetiers est excellente pour cet usage.*)

Cette opération terminée, si vous disposez vos épreuves comme un jeu de cartes, vous êtes certain que les yeux de toutes vos figures se trouvent rigoureusement placés les uns au-dessus des autres et qu'il vous sera dès lors facile d'amener successivement chaque tête dans une position identique, en ne vous basant pour cela que sur les tranches du haut et de droite des cartons.

Dans un morceau de carton de même épaisseur que les cartes sur lesquelles sont collées vos épreuves et les dépassant de $0^m,04$ à $0^m,05$ en hauteur et en largeur, vous découpez un rectangle ouvert sur un de ses petits côtés et rigoureusement égal comme dimension à l'une de vos cartes. Sur les trois côtés de ce rectangle vous collez des bandes de carton qui les dépassent de $0^m,005$ environ. Si vous appliquez avec des punaises ce cadre improvisé sur une planchette, les bandes de carton en dessus, il vous sera facile de faire glisser l'une quelconque de vos épreuves dans les rainures ainsi formées.

Vous assujettissez la planchette portant le cadre sur une table, de telle sorte que son plan soit perpendiculaire à la surface de la table et à l'un de ses côtés et que le milieu du cadre soit à la même hauteur que l'objectif de la chambre noire, celle-ci étant placée sur la table. L'axe de la chambre doit être parallèle au côté de la table, comme du reste, pour toute sorte de reproduction.

Vous glissez dans le cadre une de vos épreuves, la tête en bas (*par ce moyen, les tranches supérieures de vos cartes, qui vous ont servi de guide pour coller les épreuves, venant toutes butter contre le bas du cadre, vous êtes certain que toutes les têtes occuperont la même place*), vous mettez rigoureusement au point et vous introduisez la glace sensible. Comme nous l'avons vu plus haut, le temps de pose pour une reproduction ordinaire étant connu et traduit en secondes, nous n'aurons qu'à le diviser par le nombre d'épreuves devant concourir à la création du type, pour connaître le temps de pose nécessaire à chaque épreuve. Nous supposerons que 18ˢ sont nécessaires pour une reproduction et que nos épreuves sont au nombre de 6.

$$\frac{18}{6} = 3.$$

Il faudra donc faire poser chacune d'elles 3ˢ.

La première épreuve étant placée dans le cadre, vous prenez une pose de 3ˢ, vous refermez votre objectif, vous retirez votre première épreuve, vous la remplacez par la seconde, vous démasquez votre objectif et ainsi de suite. Il ne restera plus qu'à développer le cliché qui portera le type cherché.

CHARBONNIERS DE LA MONTAGNE NOIRE

Portrait-type	Portrait-type	Portrait-type
obtenu	obtenu	obtenu
avec les hommes	avec tous	avec les femmes
seuls	les sujets;	seules

ORIGINAIRES DES PYRÉNÉES

Au début de nos expériences nous éprouvions une singulière émotion à voir lentement apparaître à la pâle lumière du laboratoire cette figure impersonnelle qui n'existe nulle part et que l'on pourrait nommer le portrait de l'invisible. Et ce n'est pas une des moindres surprises du débutant que de retrouver dans ces traits légèrement estompés, une frappante ressemblance avec certains des modèles qui ont servi à l'opération et un remarquable air de famille avec tous.

Nous montrions un jour une épreuve obtenue ainsi avec les membres de notre famille à l'un de nos visiteurs qui ignorait notre procédé. « Je ne connais pas, nous dit-il, la personne dont vous me montrez le portrait, mais je suis sûr que c'est quelqu'un de votre famille. »

Il arrive aussi quelquefois, et nous avons eu la bonne fortune de le constater nous-même, que la ressemblance dominante dans le type obtenu est celle d'une personne qui n'a pas concouru à le former, mais qui,' proche parente de celles qui ont servi de modèles, se trouve résumer en elle le type idéal de la famille à laquelle elle appartient.

D'après ce que nous venons de voir, le procédé que nous avons exposé n'est pas simplement une curiosité photographique. Il est susceptible d'un certain nombre d'applications scientifiques du plus haut intérêt.

Que de services ne peut-il pas rendre au point de vue de l'ethnographie? Grâce à lui, le choix des caractères généraux qui permettent de retrouver les enfants d'une même race, se fait de lui-même sur la plaque sensible. La Planche II qui accompagne cette brochure en fait foi. Elle présente les caractères que l'on rencontre chez les habitants des Pyrénées. Cependant les individus qui ont servi à la produire habitent la partie la plus élevée de la Montagne Noire, à la limite du Tarn et de l'Aude, à plus de cent kilomètres des Pyrénées. Cela s'explique aisément quand on sait qu'au XIIIe siècle, après la croisade contre les Albigeois, les nouveaux seigneurs des immenses forêts qui couvraient la montagne firent venir des Pyrénées des familles de charbonniers qu'ils installèrent sur leurs domaines pour fabriquer le charbon nécessaire aux forges et aux verreries qu'ils y établirent. Ces familles, faute de voies de communication et d'ailleurs pour conserver le secret et par suite le monopole de la fabrication du charbon, ne se sont jamais alliées à des familles du pays et ont conservé pure la race venue autrefois des Pyrénées. En jetant les yeux sur la Planche I placée en tête de cette brochure, on peut voir la différence considérable qui existe entre les habitants du pied de la montagne issus de la race du pays et les charbonniers dont nous venons de parler.

Au point de vue de l'art, les résultats peuvent être aussi instructifs.

Comme le dit Viollet-le-Duc (¹), chaque époque a eu son type préféré de beauté, qui a influencé les

---

(¹) *Dictionnaire du Mobilier français*, t. III, p. 244. « A dater de la fin du xiv⁰ siècle jusqu'à la fin du xv⁰, avoir le front haut et bombé était, chez les femmes, une marque de beauté : et, en examinant les statues de ces temps, les portraits, qui ont d'ailleurs un caractère d'individualité bien tranché, on se demande comment tant de personnes pouvaient posséder ce caractère qui, pour nous aujourd'hui, est une exception ; de même qu'en voyant les portraits des femmes de la seconde moitié du xvii⁰ siècle, on peut se demander comment tant de dames possédaient des joues longues et un peu pendantes, une bouche en cerise, etc. »

peintres et les sculpteurs, peut-être à leur insu, même lorsqu'ils auraient dû être le plus fidèles, notamment dans les portraits. Qu'on jette les yeux sur une série de portraits du xv⁰ siècle et qu'on les reporte ensuite sur une autre série du xvıı⁰ et l'on s'apercevra bien vite que les traits de beauté qui ont séduit les peintres de l'une et de l'autre époque ne sont pas les mêmes. Ces différences deviendraient plus frappantes si l'on réduisait chacune des deux séries à un type à l'aide de notre procédé.

Mais, où cette nouvelle méthode conduirait à des résultats du plus haut intérêt, c'est dans l'étude de la sculpture au moyen-âge. Tous ceux qui ont visité avec quelque attention nos vieilles cathédrales savent qu'à partir du xıı⁰ siècle, c'est-à-dire à partir du moment où l'art s'est affranchi des formules, du convenu, du traditionnel, pour ne plus s'attacher qu'à l'étude directe de la nature, les statues ont, en général, une vérité de geste et d'attitude, une personnalité de physionomie qui permettent de supposer que beaucoup d'entre elles sont des portraits (surtout vers la fin du xııı⁰ siècle et au xıv⁰) (¹). Ce serait donc le type des habitants de

----

(¹) Viollet-le-Duc, *Dictionnaire d'Architecture*, t. VIII, p. 169. « Ces artistes rhénans, comme leurs confrères de l'Isle de France,

telle ville, à telle époque, que l'on pourrait retrouver en obtenant photographiquement le type des statues qui ornent ses églises. Bien plus, la physionomie impersonnelle de ce type reflèterait à nos yeux les pensées dominantes des contemporains de ces statues et nous ferait en quelque sorte pénétrer dans leur milieu. (Voir *sur la Planche II la différence qui existe entre la physionomie du type homme, celui de gauche, et celle du type femme, celui de droite.*)

Ceci nous amène tout naturellement à parler d'une application fort curieuse de ce procédé, qui consiste à retrouver la physionomie vraie, essentielle d'un personnage historique, celle qui forme le fond même et comme la personnalité physique de ce personnage, en réunissant tous ses portraits et en les fondant en un seul, duquel se trouvent éliminées toutes les inexactitudes, dues au pinceau de chaque peintre, et tous les caractères passagers que chaque période de la vie a emportés avec elle. La difficulté sérieuse consiste à trouver des portraits ayant la même pose. Il paraît cependant que la pose de face n'est pas indispensable dans ce cas et que le profil peut suffire (¹).

---

de la Champagne, de la Bourgogne, de la Picardie, s'inspiraient d'ailleurs des types qu'ils avaient sous les yeux. »

(¹) *Revue des Deux-Mondes,* année 1885, n° du 15 mai, p. 365 :

Comme on le voit, le procédé que nous venons d'exposer est susceptible d'un grand nombre d'applications, dont beaucoup sont peut-être encore inconnues. Sa mise en pratique est des plus simples et ne présente aucune difficulté sérieuse ; aussi, engageons-nous les photographes de toutes les catégories à tenter des essais dont nous leur garantissons la parfaite réussite.

La survivance et la sélection des idées dans la mémoire, par ALFRED FOUILLÉE. « M. Galton a obtenu un Alexandre-le-Grand d'après six médailles du British Museum, qui le représentaient à différents âges, et une Cléopâtre d'après cinq documents. Cette Cléopâtre était beaucoup plus séduisante que chacune des images élémentaires. »

FIN.

Paris. — Imp. Gauthier-Villars, 55, quai des Grands-Augustins.